AF569910

La révolution technologique qui va bientôt nous surprendre

La révolution technologique qui va bientôt nous surprendre

FREDERIC GRANOTIER
Et
CHRISTOPHE JURCZAK

...1001 RÉPONSES...

Illustration de couverture : Alexandre Rodriguez
www.alexr-webdesign.com
Inspirées par Freepik.

Edition : JDH Editions
77600 Bussy-Saint-Georges. France
Imprimé par BoD – Books on Demand, Norderstedt, Allemagne

ISBN : 979-10-91879-35-4

Dépôt légal : mai 2018

***1001 RÉPONSES* est une collection de courts essais pratiques répondant à « des questions que tout le monde se pose ».**

Publiés à ce jour dans la collection :

- La crise jusqu'à quand ? (2012)
- Comment être rentier sans quitter la France ? (2013)
- Comment les drones vont changer nos vies… (2017)
- L'intelligence artificielle va-t-elle nous tuer ?(2017)
- Comment déjouer les pièges de la bourse. (2017)

Les auteurs...

FREDERIC GRANOTIER est Président fondateur du groupe Lucibel. Diplômé de l'Ecole Supérieure de Commerce de Tours (1991), il débute sa carrière au sein du cabinet EY, dans des activités d'audit puis de conseil, avant de choisir l'entreprenariat en rejoignant le courtier en ligne Selftrade comme Directeur Financier puis Directeur Général (2000-2002). En 2002, il co-fonde POWEO, 1er opérateur d'énergie indépendant en France, et en occupe les fonctions de Directeur Général Délégué jusqu'en 2009, année de lancement de Lucibel.
Frédéric Granotier est business angel dans de nombreuses sociétés, ce qui le conduit à occuper également les responsabilités de Vice Président du Conseil de Surveillance de YOUNITED CREDIT, première plateforme de crédit entre particuliers, et de Président de MUTUM, première plateforme de prêt et d'emprunt d'objets entre particuliers.

CHRISTOPHE JURCZAK est Directeur Scientifique du groupe Lucibel. Titulaire d'un doctorat en physique quantique et diplômé de l'Ecole Polytechnique, il a contribué au développement exponentiel des énergies renouvelables, et notamment du solaire photovoltaïque, dans des postes de direction en France, en Italie et aux Etats-Unis. Basé au cœur de la Silicon Valley, il est en charge notamment du pilotage scientifique des solutions de communication par la lumière, de la normalisation, de la définition de modèles de business innovants et de la constitution d’un écosystème de startup partenaires de Lucibel.

Avant-propos

Par Jean-David Haddad, Editeur

Il y a deux siècles, on immortalisait les portraits des gens avec une toile, un pinceau et de la peinture. Puis on a découvert dans les années 1830 que la lumière pouvait aussi faire l'affaire. Est née la photographie. Car photographier c'est « peindre avec la lumière », cela est bien connu.

Le préfixe « photo » signifiant « qui procède de la lumière » et le suffixe « graphie » signifiant «qui aboutit à une image ».

La lumière est une formidable matière première dont nous n'utilisons même pas encore le centième des applications possibles.

Deux siècles après les balbutiements qui ont permis de créer la photographie, nous sommes toujours comme des enfants découvrant ce que la lumière permet d'accomplir.

Mais la révolution est en marche, une révolution encore passée sous silence des médias, mais qui est pourtant peut-être la plus grande révolution technologique des années à venir…

Une révolution… très lumineuse… qui va tous nous surprendre !

Chapitre 1

La lumière est l'avenir de l'accès à internet

L'idée de communiquer par la lumière n'est en fait pas nouvelle du tout.

1. Un peu d'histoire

Graham Bell, l'inventeur du téléphone, inventa quatre ans plus tard, en 1880, un autre dispositif bien moins connu, mais tout aussi important à ses yeux, de transmission du son à distance : le photophone. Le principe était de mettre en vibration, par le son de la voix, un miroir reflétant les rayons du soleil et de transmettre à distance ces infimes variations d'intensité de la lumière reflétée. A réception, un dispositif équivalent convertissait les vibrations lumineuses en son. Un inconvénient majeur bloqua le développement de la technologie : le mauvais temps empêchait toute communication !

Il aura fallu attendre près de 100 ans pour que, dans les années 1970, les technologies de fibres optiques fassent enfin du photophone une réalité et même un catalyseur majeur de l'ère de l'information. L'internet fonctionne principalement sur la base de fibres optiques transportant des données codées sur des ondes lumineuses à très haut débit et leur déploiement « jusqu'au dernier kilomètre » est aujourd'hui fréquent.

2. Un peu de technique

Avec le LiFi, une entreprise comme Lucibel, société française, étend la révolution de la communication optique au client final, jusqu'au dernier mètre, en transformant l'éclairage en un composant fondamental de l'accès au monde numérique. Et ce, d'autant plus que, passant en moyenne 80 à 90% de notre temps en intérieur, nous sommes presque toujours en présence de lumière artificielle.

Ceci est rendu possible grâce au passage de l'éclairage incandescent à la technologie LED, tout à fait comparable, dans l'électronique, au passage des tubes à vide à des puces à semi-conducteurs au cours des années 50, avec les conséquences que l'on sait.

Les éclairages LED commercialisés aujourd'hui consomment 85% d'énergie en moins par rapport à leurs homologues à incandescence. Les coûts ont été drastiquement réduits grâce à des améliorations dans la fabrication, mais aussi à une meilleure efficacité de la quantité de lumière produite pour une même consommation électrique. La part LED du marché annuel de l'éclairage est d'ores et déjà de 40 à 50% selon les pays et, dès 2020, 70% d'un marché global de l'éclairage estimé à 100 milliards de dollars devrait être constitué de lampes et luminaires LED. L'éclairage représente 15% de la consommation mondiale d'électricité et 5% des émissions de gaz à effet de serre : le passage aux LED va donc avoir un impact positif sur le réchauffement climatique. Et ces milliards de luminaires vont pouvoir être transformés en points d'accès à internet !

Avec les LED, on introduit du silicium et de l'intelligence dans chaque luminaire. Sur le même principe que le photophone, moduler l'intensité d'un luminaire LED à haute fréquence, de façon à ce que cela ne soit pas perceptible, permet de coder des informations et de créer un canal d'échange de données sans fil à très grande vitesse entre un luminaire, qui constitue l'émetteur de données, et un récepteur qui démodule l'onde lumineuse et reconstitue l'information.

Quand le récepteur est la camera d'un téléphone, on parle de Communication par Camera Optique (OCC), une technologie de communication monodirectionnelle bas débit parfaitement adaptée à la localisation en espace clos et à la transmission d'informations géo-référencées, par exemple en hôpital, dans un centre commercial ou un musée (voir Chapitre 2). Quand le récepteur est un photo-détecteur dédié intégré dans une clé USB spécifique ou directement dans un appareil électronique tel qu'une tablette, et supportant des protocoles de communication bidirectionnelle et multi-utilisateurs, on parle de LiFi, par analogie avec le WiFi dans le domaine des radiofréquences (RF).

Mais l'analogie avec le WiFi s'arrête là. Le spectre RF, qui couvre la gamme 3kHz-300GHz du spectre électromagnétique incluant le WiFi dans toutes ses déclinaisons, la 4G LTE ou encore les bandes occupées par la technologie Sigfox, est fortement réglementé et encombré. Ceci est à l'origine de la notion du « crunch spectral » qui se profile avec l'émergence de besoins exponentiellement croissants dus tout particulièrement à l'internet des objets et au vidéo streaming. En revanche, la bande de la lumière visible et du proche infrarouge est mille fois plus large, non régulée et peut être utilisée pour des communications lumineuses libres d'interférences et de congestion.

Au cœur de la technologie LiFi (du moins celle de Lucibel) réside la technique de traitement du signal convertissant les bits de données en niveaux d'intensité lumineuse modulée. La modulation simple dite mono-porteuse est la technologie de choix pour la communication par caméra mais, pour la communication haut débit, ses performances mesurées en taux d'erreur de transmission de bits se détériorent fortement à mesure que les débits augmentent, en raison notamment de l'imperfection des composants à relativement bas coût utilisés. Pour le LiFi, la modulation dite multi-porteuse est privilégiée. La technologie propriétaire développée par PureLiFi, le partenaire technologique de Lucibel, repose sur un principe de traitement simultané de flux de données parallèles transmis au même moment à travers une série de composantes de l'onde lumineuse et permet d'atteindre un débit élevé sans compromettre l'efficacité énergétique et la couleur de la lumière.

Pour un système de communication LiFi complet, une connexion montante des terminaux mobiles au point d'accès optique doit être fournie. On pourrait utiliser le même principe que pour la connexion descendante mais l'émission d'une lumière blanche intense par le terminal récepteur n'est à l'évidence pas acceptable. La solution retenue par Lucibel consiste à utiliser la modulation de la lumière visible pour la liaison descendante et la modulation d'une LED infrarouge pour le canal de communication montante.

Dans les communications sans fil radiofréquences (RF), le réseau est distribué spatialement sur des cellules, chacune desservie par au moins une station de base fixe. En 4G, afin d'améliorer l'accès des utilisateurs, le réseau est densifié par l'addition de cellules de différentes tailles, de façon à donner la possibilité aux utilisateurs d'avoir une bande passante élevée sans être tous connectés sur le même point d'accès, qui a une capacité fixée. Mais cela génère des interférences et leur réduction est l'un des défis les plus critiques pour la nouvelle génération 5G.

Le concept de cellule est facilement transposable au LiFi : c'est simplement la zone éclairée par un luminaire. Chaque utilisateur bénéficie de la bande passante disponible au niveau de chaque luminaire, sans avoir à la partager avec son voisin situé sous un autre luminaire. Cette idée de « densification des connections » est un point clé pour le LiFi par rapport au WiFi, au même titre que le débit par luminaire.

3. Et beaucoup de perspectives !

Toutes ces caractéristiques font du LiFi un facilitateur crucial de la mobilité intérieure avec une qualité de service pour l'usager encore inégalée. L'association de normalisation IEEE, qui l'a reconnu, se penche actuellement sur une adaptation de la norme 802.11 WiFi aux technologies de communication lumineuse, avec une norme attendue à l'horizon 2020 qui viendra en soutien de la commercialisation du LiFi.

Le premier luminaire LiFi commercial a été mis sur le marché en septembre 2016 par Lucibel et son partenaire écossais PureLifi. Le débit est de 42 Mbps en liaison descendante et en liaison montante dans une géométrie d'éclairage standard à une hauteur de 2,5 m. C'est d'ores et déjà mieux que le WiFi standard. Huit utilisateurs peuvent être servis simultanément par un luminaire. Des caractéristiques telles que les dimensions de clé de réception et le protocole de transfert entre points d'accès sont améliorées dans la deuxième génération LiFi by Lucibel, lancée en septembre 2018 à destination des professionnels, avec une nouvelle architecture électronique à haut rendement énergétique. D'autres produits, tels que des dalles et des luminaires sur pied seront mis sur le marché pour élargir la gamme des installations et des cas d'utilisation.

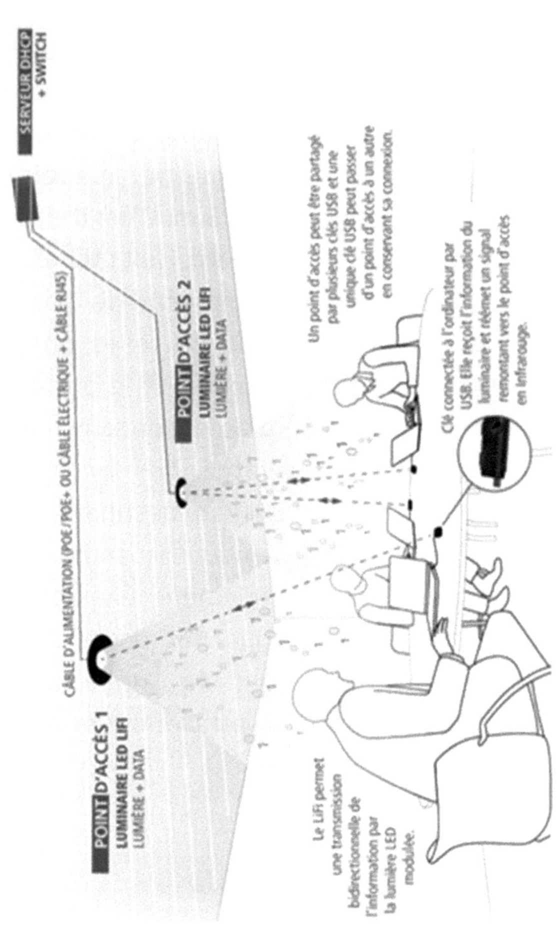

Source : Lucibel

Pour les particuliers, il sera nécessaire d'atteindre des réductions de coûts supplémentaires, une miniaturisation accrue et l'intégration des composants du récepteur dans des appareils électroniques grand public, smart phones, tablettes et ordinateurs. **Dès 2020, le LiFi pourra faire son entrée dans tous les foyers.**

Lucibel a fait le choix à court terme de réaliser ses luminaires LiFi avec des LED standards du marché, et de se concentrer sur l'intégration système, l'électronique et le software liant les luminaires LiFi au système d'éclairage et au système de management du bâtiment. Mais les LED standard commerciales, émettant de la lumière bleue et recouvertes d'un phosphore jaune pour produire de la lumière blanche, ont des largeurs de bande de modulation limitées qui expliquent un cap en transmission de données autour de 100 Mbps.

Pour aller au-delà, trois catégories de technologies pourront être utilisées : micro-LED, combinaison de LED ou micro-LED bleues, rouges et vertes pour reconstituer la couleur blanche ou diodes laser. Des débits de l'ordre de 10 Gbps ont déjà été démontrés en laboratoire, sans complexité rédhibitoire pour un développement commercial. Avec un tel débit, 1000 fois supérieur au débit moyen en communication sans fil, un film vidéo ultra HD sera téléchargé par un mobile ou un portable en 3s au lieu de 50 minutes !

Alors que les diodes laser sont aujourd'hui une option coûteuse pour l'éclairage intérieur, leur coût va être réduit de façon exponentielle au cours des cinq prochaines années en raison de la demande du marché pour des applications telles que l'éclairage automobile, les projecteurs et le LIDAR, système de guidage pour les voitures autonomes qui consomme une très grande quantité de diodes. Le LiFi va pouvoir profiter de ces développements et on peut envisager des produits permettant un débit au-delà du Gbps dans les cinq prochaines années.

Lucibel a installé ses systèmes LiFi chez plus de 70 clients. Ceux-ci utilisent aujourd'hui le LiFi comme un complément ou une alternative au WiFi et à la 4G, dans des environnements où l'échange de données doit être parfaitement sécurisé (banques, centres de R&D, Défense, ...), où les ondes radio sont interdites ou d'usage restreint (hôpitaux, écoles maternelles, installations industrielles sensibles aux radiations électromagnétiques telles que les stations de compression de gaz naturel) et où la connectivité doit être garantie (salles de conférence, hôtels). Des applications telles que la communication entre trains sont également envisagées.

Le choix des cas d'usage est motivé par le fait que, d'une part, **la communication par la lumière est sans interférence et non régulée** et, d'autre part, **les communications se produisent exclusivement dans le cône de lumière, ce qui apporte une garantie de sécurité fondamentale alors même que les hackers s'attaquent de plus en plus aux réseaux et aux équipements WiFi.** Une solution particulièrement originale développée par Lucibel est le siège connecté. Design et confortable, il est connecté via LiFi au réseau de communication de l'espace à équiper - par exemple le plateau d'un centre de conférence – et permet de créer à la demande une zone de connexion garantie et complètement sécurisée.

Source : Lucibel

En télécommunications, un critère au moins aussi important que le débit est la latence. La latence est le temps que met un paquet de données pour arriver d'un ordinateur à un autre ordinateur. Avec le WiFi, le temps de latence est élevé, typiquement supérieur à 100 ms, ce qui génère par exemple ces fameux problèmes de « mal au cœur » avec la réalité virtuelle sans fil, et rend les appels vidéo multi-sites particulièrement irritants.

Le LiFi bénéficie d'un temps de latence beaucoup plus faible, de l'ordre de la ms, et se positionne, d'ores et déjà, au sein des technologies de communication 5G, comme une solution de référence pour des applications émergentes telles que la robotique de service (entrepôts, hôpitaux ...), la réalité virtuelle ou augmentée, le jeu en temps réel ou même l'internet tactile, support de la télémédecine en milieu rural par exemple. Dans tous ces cas de figure, l'éclairage est omniprésent et le LiFi dispose d'une couverture garantie sur l'ensemble de l'espace d'usage avec une bande passante minimum élevée, sans interférence ni déconnexion, et parfaitement adaptée à ces applications nouvelles.

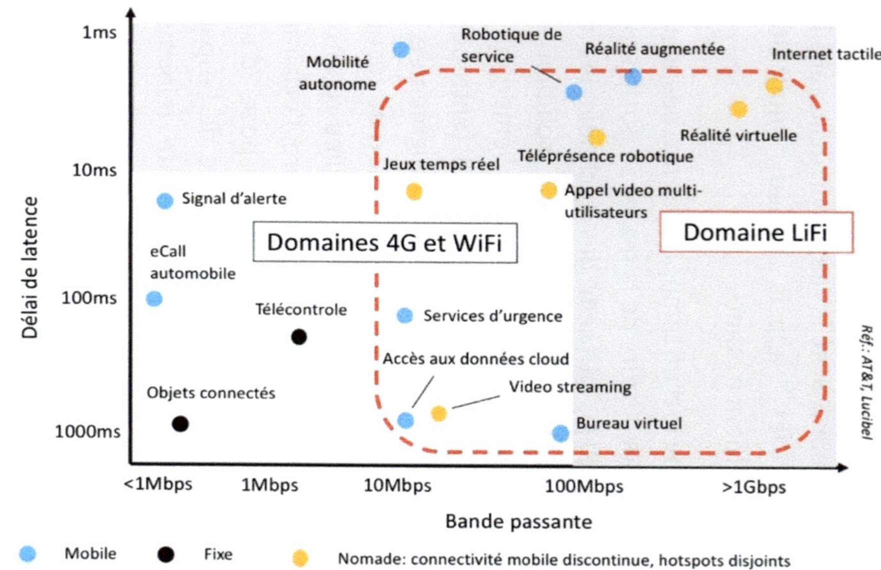

Délai de latence
1ms
10ms
100ms
1000ms
Mobilité autonome
Robotique de service
Réalité augmentée
Internet tactile
Réalité virtuelle
Téléprésence robotique
Jeux temps réel
Appel video multi-utilisateurs
Signal d'alerte
Domaines 4G et WiFi
Domaine LiFi
eCall automobile
Télécontrole
Services d'urgence
Accès aux données cloud
Video streaming
Objets connectés
Bureau virtuel
Réf.: AT&T, Lucibel
<1Mbps
1Mbps
10Mbps
100Mbps
>1Gbps
Bande passante
Mobile
Fixe
Nomade: connectivité mobile discontinue, hotspots disjoints

Chapitre 2

La lumière est aussi l'avenir du commerce de proximité !

Les magasins de détail traditionnels pâtissent de nombreux désavantages face à leurs homologues en ligne.

Les magasins en ligne sont toujours ouverts et disponibles en tout lieu, offrent un nombre élevé de références et s'appuient sur des outils numériques, bénéficiant de tout un arsenal de technologie dans le cloud, dont l'intelligence artificielle, pour personnaliser et offrir aux clients leurs solutions préférées.

La révolution en cours dans le domaine de la logistique rend la livraison en un jour, voire le jour même, disponible dans de nombreux endroits.

1- Une nouvelle vie pour les magasins physiques

Les nouvelles technologies mariant des applications mobiles, la localisation et les data analytics (analyse des données) vont permettre aux magasins physiques de ne pas être en reste et d'exploiter eux aussi les avantages du marketing numérique en complément des avantages traditionnels offerts à leurs clients que sont la proximité physique, l'immédiateté dans la délivrance des produits, le service personnalisé et une expérience immersive par définition. Et *in fine* cela va permettre aux magasins d'améliorer leur rentabilité.

La localisation du client peut se faire via la fonction GPS de son téléphone mais, en espace clos, elle est très imprécise, voire impossible. On recourt dans ce cas au WiFi, qui a une précision de 5 à 15 m, à des balises Bluetooth dédiées pour une précision de 1 à 10 m et, enfin, au niveau le plus fin, aux techniques de communication par la lumière. De cette façon, les magasins peuvent bénéficier à la fois d'une qualité d'éclairage supérieure ce qui, c'est bien connu, a un impact positif sur l'acte d'achat, mais aussi, et sans investissement supplémentaire, d'une infrastructure de digitalisation de l'enseigne.

Avec une précision de localisation de 10 à 30 cm obtenue uniquement avec les technologies de communication par la lumière, la navigation peut se faire dans les bâtiments et centres commerciaux jusqu'au produit recherché. En combinant cette information avec la communication RF (4G ou WiFi), des informations contextuelles telles que coupons, promotions ou recettes, peuvent être « poussées » vers le client pour déclencher une forme d'engagement. Cela permet de créer par exemple un lien entre les recherches online et la présence physique offline.

Une opportunité inexploitée particulièrement prometteuse est d'associer à la localisation du client un feedback sur l'instant pour générer, au-delà des informations relatives aux intérêts des clients, plus d'informations granulaires sur la performance et la satisfaction. La création de « *heat maps* » (cartes mentales) à un niveau de précision aussi fin est importante pour générer des indicateurs et approcher le niveau d'agilité très élevé des magasins numériques.

lucibel
SALE
25% OFF
lucibel

Concrètement, comme l'explique Edouard Lebrun, Directeur Général Délégué de Lucibel :

« *Notre solution digitale est fournie clé en main pour dynamiser les ventes en magasin. Imaginons que vous êtes un consommateur : vous entrez dans le magasin. Le vendeur, occupé avec d'autres clients, vous confie une tablette tactile, plutôt que de vous laisser attendre passivement. Vous y connectez les oreillettes de votre mobile ou, si vous n'en possédez pas, un casque vous est prêté. Commence alors une expérience inédite… Vous, le client, vous dirigez vers les espaces de présentation des produits. Les informations sont transmises à la tablette en mode multimédia : photos, vidéos, explications sur le produit exposé. Autour de vous, l'éclairage s'adapte au discours. L'interface vous permet de tout savoir sur le produit, et même plus encore.*»

2. Un fort degré de technicité

Pour atteindre ce niveau de performance, au coût le plus faible possible, Lucibel a développé une technologie propriétaire de localisation par la lumière par un téléphone mobile. Sur le même principe que le LiFi, l'intensité de la lumière LED est modulée à une fréquence suffisamment élevée pour que cela ne soit pas perceptible par l'usager. L'information codée dans la lumière est dans ce cas un identifiant propre à chaque luminaire, de telle sorte que, une fois le signal détecté par le récepteur, l'usager puisse savoir dans quel faisceau lumineux il se trouve dans le magasin. L'association des codes de chaque luminaire à la position sur la carte est disponible, via le cloud, dans une application présente sur le mobile. Des algorithmes complémentaires permettent, par des techniques du type triangulation, d'affiner la position dans le faisceau lumineux jusqu'au niveau décimétrique.

Mais l'innovation principale réside dans le fait que le récepteur dans ce cas est la caméra du téléphone mobile de l'usager. Le débit nécessaire pour transmettre l'information de localisation est très faible, de l'ordre de quelques kb/s, et il n'y a pas besoin, contrairement au LiFi, d'une électronique dédiée. La détection s'appuie sur le fait que, dans les mobiles, la capture d'une image se fait, au niveau de la caméra, non pas en une fois, mais ligne par ligne de pixels selon le principe du balayage progressif. Les valeurs sont archivées dans une mémoire tampon et, quand

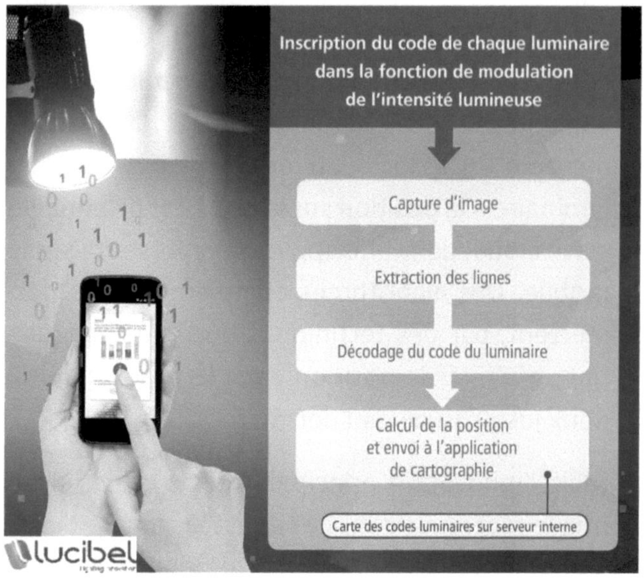

toutes les lignes ont été traitées, l'image est reconstituée dans son intégralité et affichée à une vitesse de 20 à 30 images par seconde.

Pour la localisation, la caméra est activée par une application, distincte de la photographie, de telle sorte que la séquence d'images prises en rafale ne soit pas visible pour l'usager. En faisant en sorte que la fréquence de modulation de la lumière soit inférieure à la fréquence d'affichage des images et supérieure à la fréquence minimum pour ne pas générer de gêne, le code d'identification du luminaire peut être inséré dans chaque image prise. Les images en tant que telles n'ont pas d'intérêt et seront le plus souvent des images quelconques de sol, compte tenu de l'angle de prise de vue. La technologie Lucibel est compatible avec les principaux systèmes d'exploitation mobiles du marché (iOS et Android). Elle est associée à une cartographie en 3D du bâtiment.

La localisation par la lumière, outre sa précision inégalée, offre un temps de réponse très faible, de l'ordre de 100ms, offrant une navigation fluide très agréable pour l'utilisateur, une orientation absolue et, comme le LiFi, garantit l'absence d'interférence et la qualité du signal même en présence de nombreux utilisateurs.

Même si cela n'est pas réellement un problème pour les cas d'usage considérés qui supposent l'interaction de l'usager avec son téléphone, il est évident que la technologie de localisation par la lumière ne fonctionne pas quand le récepteur est occulté, dans un sac à main par exemple. Dans ce cas, les technologies WiFi et Bluetooth prennent le relais pour une localisation grossière. L'intégration de balises Bluetooth dans une partie des luminaires est facile à réaliser, bénéficie de l'alimentation électrique, et permet de mettre en œuvre un réseau Bluetooth maillé selon le nouveau standard, permettant un contrôle sans fil très précis des luminaires et l'interface avec le système de management de l'énergie du bâtiment.

L'hybridation optique / RF prend tout son sens pour l'élaboration de « *heat maps* » et la continuité dans la collecte de données si le client est passif. A l'inverse, la localisation optique permet, par recalage très précis, de faire une mesure de la puissance du signal RF en temps réel, ce qui permet d'éviter des *survey manuels*.

La localisation par la lumière répond à de très nombreux cas d'usage. Elle a vocation à être déployée au-delà du secteur du commerce, dans les bureaux, l'industrie, les hôpitaux, les transports et les lieux culturels. Dans les musées, par exemple, elle sera à la base des audioguides 2.0 pour assurer un déclenchement d'information contextuelle exactement en face des œuvres d'art, pour l'afficher, pourquoi pas, sur des lunettes de réalité augmentée.

Dans l'industrie, le suivi des pièces et objets a un rôle fondamental dans l'optimisation des process, et la robotique aura besoin d'une précision extrême tout particulièrement quand les robots seront amenés, en hôpital ou entrepôt par exemple, à agir de concert et en toute sécurité avec des humains. A ce propos, il faut noter que la technologie de localisation par la lumière est la seule qui assure une localisation précise selon l'axe vertical, donc en 3D, en utilisant les directions d'arrivée des faisceaux lumineux.

"Retrouvez le confort de navigation dans un bâtiment que vous connaissez en extérieur via le GPS grâce à la technologie OCC by Lucibel"

Chapitre 3
La lumière, vecteur de bien-être et d'épanouissement personnel

Si vous avez déjà visité un pays scandinave, vous avez certainement remarqué la présence dans tous les espaces de vie (bureaux, restaurants, habitations, ...) de kits de luminothérapie.

Ces appareils, peu esthétiques en général, émettent une lumière artificielle qui compense l'absence de lumière naturelle. L'exposition à ces luminaires est préconisée, à raison de quelques heures par jour, pendant l'automne et l'hiver notamment, à cause du manque cruel de lumière naturelle, qui génère un sentiment de mal être très répandu et de nombreux épisodes dépressifs au sein de la population.

Le prix Nobel de Médecine 2017 a récompensé les travaux de trois chercheurs américains sur la compréhension de l'horloge biologique et le rôle majeur du « rythme circadien » dans le bon fonctionnement de l'ensemble du corps.

1- Le rythme circadien, qu'est-ce que c'est ?

Le rythme circadien est un rythme biologique qui régit les principaux processus physiologiques de l'homme : le cycle de veille-sommeil, la concentration, les capacités cognitives, la mémoire, l'humeur, la fréquence cardiaque, la température corporelle... Sa durée est d'environ 24h.

En l'absence de contact avec l'environnement extérieur, le rythme circadien se décale (ce décalage est estimé à environ 1 heure tous les 5 jours). En effet, c'est **la lumière naturelle qui joue le rôle de synchronisateur principal de ce rythme biologique.**

En 1962, le géologue Michel Siffre s'est enfermé pendant 2 mois dans une grotte à 130 m de profondeur sans aucun repère lumineux. Il communiquait chaque jour par téléphone ses heures de réveil et de coucher et prenait des mesures de son pouls. Pendant toute la durée de l'expérience, son cycle circadien est resté d'environ 24h30, et s'est donc décalé de plus d'une heure tous les 5 jours, montrant ainsi le rôle essentiel de la lumière dans la synchronisation du rythme circadien.

2- Le dérèglement du rythme circadien

De nombreuses études scientifiques ont montré que la lumière perçue par l'œil n'est pas uniquement captée par les photorécepteurs responsables de la vision, mais qu'elle l'est aussi par des cellules situées sur la rétine qui permettent la synchronisation de l'horloge biologique. Découvertes en 2001, ces cellules ganglionnaires à mélanopsine régulent la sécrétion de certaines hormones dont la mélatonine, hormone du sommeil.

Alors que la lumière naturelle varie tout au long de la journée en colorimétrie et en intensité, l'éclairage artificiel reste constant, ce qui dérègle notre cycle circadien. En effet, ce sont les variations de la lumière naturelle qui permettent notamment de sécréter des hormones de jour et des hormones de nuit.

Nous passons aujourd'hui entre 80 et 90% de notre temps en intérieur, soumis à de la lumière artificielle, ce qui contribue au dérèglement de notre rythme biologique et génère des conséquences néfastes :

- Troubles du sommeil : décalage de l'heure d'endormissement et insomnie (l'individu vivant dans un pays « développé » a perdu une heure de sommeil par nuit depuis cent ans) ;

- Dégradation de la concentration et manque d'énergie ayant un impact sur l'efficacité au travail ;
- Troubles de l'humeur, dépression saisonnière…

Un environnement reproduisant au mieux la lumière naturelle tout au long de la journée est donc nécessaire pour stabiliser le rythme circadien et favoriser le bien-être.

3- La solution Cronos de Lucibel

Afin de limiter ce dérèglement du rythme circadien et ses conséquences, Lucibel a conçu Cronos, un luminaire répliquant le cycle de la lumière naturelle sur une durée de 8 à 10 heures selon le souhait du client.

Avec cette innovation de rupture, Lucibel permet au grand public d'accéder aux solutions technologiques d'éclairage circadien jusqu'ici réservées aux sportifs de haut niveau et à la NASA pour ses vols spatiaux habités.

Cronos est le résultat de 4 ans de R&D en collaboration avec des neurobiologistes et des médecins du sommeil ayant plus de 15 ans d'expérience sur le sujet. L'objectif était de créer un luminaire ayant un réel impact sur le rythme biologique et permettant d'apporter à chacun les bienfaits de la lumière naturelle.

En variant en intensité et en température de couleur minute après minute, Cronos est programmé pour reproduire la lumière du soleil d'une journée de juin dans les Alpes.

4- Les bénéfices de Cronos

En contribuant à synchroniser le rythme biologique des utilisateurs, Cronos permet de renforcer la concentration, la vigilance ou encore la mémoire, d'optimiser le cycle veille-sommeil et d'améliorer l'efficacité en journée ainsi que le bien-être.

Afin de valider l'efficacité de sa solution Cronos, Lucibel a demandé à des médecins du « European Sleep Center » de l'hôpital de l'Hôtel Dieu (Paris) d'effectuer une étude de la vigilance et du sommeil des collaborateurs d'une entreprise, avec et sans éclairage Cronos, pour leur environnement de travail.

Cette étude, menée par une équipe scientifique et médicale, a été réalisée sur 70 participants volontaires de l'entreprise Nexity, par l'intermédiaire de relevés actimétriques, de tests de somnolence et réactivité, et de, questionnaires.
Les conclusions de cette étude médicale confirment que le luminaire Cronos a un impact bénéfique mesuré sur plus de 3 personnes sur 4. En effet, plus de 75% des personnes participant à cette étude clinique ont bénéficié, sous éclairage Cronos, d'une :

- amélioration de la vigilance
- amélioration de la performance
- amélioration ressentie du sommeil

Exemples d'autres études ayant déjà été réalisées avec des éclairages circadiens :

- ✓ Dans le cadre d'une étude menée au CHU de Nice, des patients d'Alzheimer ont été exposés à un éclairage circadien d'un cycle de 24h pendant 42 jours. Un gain de sommeil moyen de 55 min et une diminution des troubles du comportement ont été observés.

- ✓ Dans le cadre du programme School Vision mené par l'European Sleep Center, les élèves d'une classe de CM2 ont été exposés pendant 2 périodes de 8 jours à une lumière successivement traditionnelle puis activatrice pour l'organisme. Evalués sur des tests de logique permettant de mesurer l'attention, le nombre d'erreurs a été réduit de 40% en moyenne et le temps de réalisation des tests a diminué de 25%.

De nombreux segments de marché peuvent tirer profit de l'installation de luminaires circadiens :

Dans l'enseignement (écoles, universités, ….), le luminaire circadien permet de renforcer l'attention et ainsi favorise l'apprentissage des élèves ;

Dans le domaine de la Santé (cliniques, hôpitaux, maisons de retraite), le luminaire circadien permet d'améliorer le bien-être des patients comme du personnel soignant et de favoriser le rétablissement physique ;

Dans les Bureaux, il permet de renforcer la concentration, d'améliorer l'efficacité et la qualité du sommeil de ses utilisateurs et donc, in fine, leur productivité et leur performance au travail. Dans quelques années, il sera donc possible de prendre, au bureau, un « café lumineux » qui consistera en une séance de lumière énergisante avant une réunion de négociation importante, par exemple ;

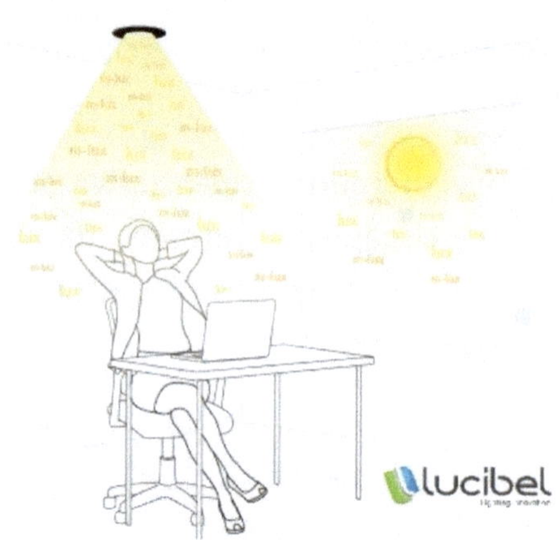

Dans les Hôtels, le luminaire circadien aide à la récupération du décalage horaire et améliore la qualité du sommeil. Nombreux sommes nous à avoir déjà fait l'expérience que l'exposition à la lumière naturelle à l'arrivée dans le pays de destination permet de récupérer plus rapidement du décalage horaire. Cette constatation empirique est corroborée par la compréhension récente de l'impact de la lumière sur le corps humain et nos mécanismes physiologiques.

Ces luminaires circadiens n'existeraient pas sans la technologie LED. En effet, avec les luminaires traditionnels, s'il était possible de grader l'intensité lumineuse en cours de journée (avec un variateur pour les luminaires de type halogène par exemple), il n'était pas possible de faire varier la couleur de la lumière émise. Cette capacité à faire varier les longueurs d'onde et donc les couleurs de la lumière n'est permise que par les éclairages LED. En effet, les puces électroniques LED, qui émettent la lumière, étant très petites, il est possible de juxtaposer des puces ayant des couches de phosphore différentes, qui génèrent ainsi des couleurs de lumière différentes.

Les bénéfices de la lumière naturelle étant indiscutables et couvrant un périmètre d'applications très large, il y a fort à parier que dans quelques années, tous les luminaires qui nous entourent, dans nos environnements de travail comme dans nos habitations, seront circadiens.

5- Hypnos : 1er luminaire d'aide à l'endormissement

La technologie Cronos permet la synchronisation de l'horloge biologique tout au long de la journée, mais nous savons également qu'un des facteurs principaux de dérèglement de notre cycle circadien (et donc de notre sommeil) vient de notre hygiène lumineuse le soir. En effet, l'exposition à des sources de lumières enrichies en bleu (lumière froide et écrans de télévisions, smartphones, ordinateurs,...) va inhiber notre sécrétion de mélatonine, l'hormone du sommeil, et donc retarder l'endormissement. Il est donc primordial, pour un endormissement naturel, de maîtriser la qualité de l'environnement lumineux les heures précédant le coucher. Lucibel propose une solution innovante, nommée Hypnos, le premier luminaire d'aide à l'endormissement.

Hypnos émet une lumière chaude, adaptée à l'habitat, qui est mélangée avec une lumière ambre, ne contenant aucune lumière bleue. L'utilisation dans la soirée d'une lumière de plus en plus ambrée permet d'accompagner naturellement le corps à la sécrétion de mélatonine, ce qui va favoriser l'endormissement. A savoir, la lumière ambre utilisée permet à l'œil de voir alors que le corps s'endort déjà : elle est tout simplement invisible par notre horloge biologique ! L'utilisateur va donc, à l'aide d'une télécommande, mélanger la lumière chaude et la lumière ambre, afin de trouver l'équilibre répondant le mieux à son activité et aux besoins de son corps. Il est conseillé de passer en lumière ambre 30 à 60 minutes avant le coucher pour permettre la sécrétion naturelle et optimale de mélatonine, afin de favoriser au mieux l'endormissement.

Le Dr François Duforez, Médecin du Sport et du Sommeil, ancien Chef de Clinique des Hôpitaux de Paris, médecin au Centre du sommeil de l'Hôtel-Dieu Paris, s'est exprimé sur le luminaire HYPNOS de Lucibel dans les termes suivants :

"Avant la maîtrise de l'électricité, des milliers de générations d'êtres humains se sont endormies avec la clarté du jour qui diminuait et le crépuscule ou le feu de cheminée diffusant une lumière douce et bienveillante pour notre cerveau et la sécrétion de mélatonine, cette

hormone des rythmes. Dans le monde moderne, ce sont les écrans qui nous accompagnent vers la nuit et parfois vers l'insomnie ! Aidons à l'entrée dans la nuit et à l'endormissement naturel, grâce à une technologie qui accompagne notre chronobiologie : Hypnos en est un bon exemple."

L'expression « la révolution LED va bien au-delà de l'éclairage » prend vraiment tout son sens avec ces applications dans le domaine du bien-être et de la santé.

AMC
S
L1
L2
L3
L4
lucibel

Chapitre 4

La lumière, pour garder notre jeunesse et notre beauté!

1- « Rester jeune et belle » grâce aux LED !

Rester jeune et belle !

La simplicité de ces quatre mots résonne dans l'inconscient collectif comme un idéal qui justifie que des fortunes soient parfois aveuglément dépensées en soins cosmétiques divers et variés pour tenter d'y parvenir…. Et pourtant, chacun sait pertinemment que cet idéal est inaccessible car le vieillissement des cellules de notre corps humain est... inéluctable.

Néanmoins, si l'efficacité des soins cosmétiques traditionnels n'est pas à la hauteur des budgets souvent dépensés.....car les crèmes et sérums ne pénètrent dans la peau que de façon très superficielle (dans l'épiderme), la lumière LED pourrait bien, dans les prochaines années, révolutionner aussi le monde de la cosmétique.

En effet, il est possible d'isoler certaines longueurs d'onde du spectre lumineux, autour de 630 nm, qui ont la propriété de traverser profondément les tissus, jusqu' à 2,5 cm, ce qui leur permet de traverser l'épiderme et d'atteindre le derme. L'apport d'énergie lumineuse aux cellules permet ainsi d'accélérer leur régénération. C'est le principe de la photobiomodulation. Cette accélération du processus de régénération cellulaire est sans danger et permet aux rides et vergetures de s'estomper de façon visible à l'œil nu après seulement quelques semaines.

2- Les processus biologiques à l'œuvre.

Comme l'indique le Docteur Linda Fouque, Dermatologue, dans une publication intitulée « La lumière sort de l'ombre », « la **photobiomodulation** », ou l'effet de la lumière visible sur les organismes vivants, est sortie du domaine de la recherche pour des applications pratiques lors des vols spatiaux de la NASA afin de contrer les effets délétères du gradient nul sur la cicatrisation. Tina Karu, brillante chercheuse russe, a démontré l'activation de la mitochondrie par les lasers à basse fréquence. Aujourd'hui beaucoup de travaux nous viennent des pays de l'Est qui n'ont pas été contaminés par "le tout est chimie". La cible privilégiée de la LED 630 nm est la **mitochondrie**. Son activation se fait par l'intermédiaire du Cytochrome Oxydase, photo accepteur, qui se trouve dans sa membrane. La cellule ainsi photo activée produit de l'ATP, « le fuel universel » (T. Karu). L'énergie délivrée stimule la synthèse du collagène et de l'élastine, augmente la microcirculation cutanée, relance le métabolisme cellulaire et améliore la réponse inflammatoire. Des études récentes confirment l'action rajeunissante des LED.

Le Docteur Linda Fouque indique également : « L'apparition de « Home Devices », c'est-à-dire l'utilisation de LED miniatures à domicile, est une évolution logique au développement de cette technologie. Ces appareils deviennent de plus en plus performants ».

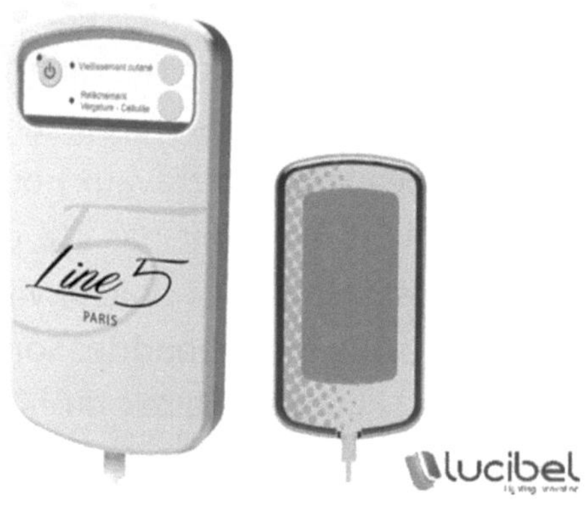

La société Lucibel a mis sur le marché dès 2014 le premier « Home Device » de stimulation cellulaire, Line 5, qui utilise ce principe de la photobiomodulation pour un triple effet :

L’effet anti-rides

Les cellules produisent plus de collagène, plus de fibres élastiques et plus d’acide hyaluronique : le grain de peau s’affine, le teint est plus éclatant et les rides s’estompent.

L’effet anti-vergetures

Grâce à la production de fibres élastiques et de collagène, la structure cutanée se reconstruit, la peau retrouve son élasticité et les vergetures s’atténuent.

L’effet anti-cellulite

La lumière rouge cible les cellules adipocytes qui stockent la masse graisseuse dans le corps. La lumière va fragiliser leur membrane et permettre l'évacuation des graisses : l’aspect peau d’orange disparaît.

Les effets, mesurés par le laboratoire Dermscan en Août 2014 sont sans appel. **Par exemple, sur les rides,** après 32 jours d’utilisation, à raison de 3 utilisations par semaine :

· **75%** des volontaires ont une diminution significative de la rugosité et du relief de leurs rides

· **81%** des volontaires ont une amélioration de la **fermeté cutanée**

· **62%** des volontaires bénéficient d'une amélioration de la **tonicité de leur peau**

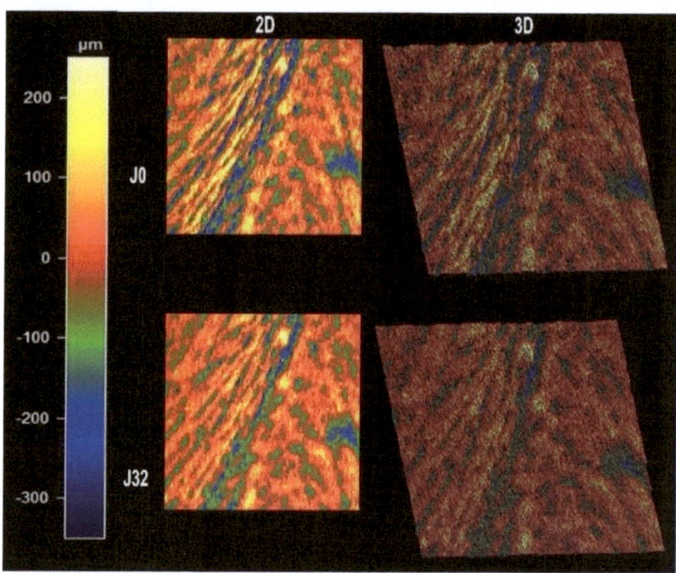

Etude du laboratoire Dermscan sur le produit Line 5, résultats sur le volontaire 8

Au-delà de l'utilité de ce Home Device pour traiter rides, vergetures et cellulite, le Docteur Michele Pelletier-Aouizerate, dermatologue et Présidente de « European Led Academy », indique que « La photobiomodulation.... pourrait s'apparenter à une cicatrisation douce ».

3- D'énormes applications cosmétiques

Dans un article intitulé **« Une cosmétologie instrumentale familière, Le Home Device de la rejuvenation de demain »,** le Docteur Pelletier Aouizerate ouvre d'autres champs possibles pour ce type d'appareils :

« L'architecture d'une nouvelle approche de la rejuvenation se dessine désormais : intégrer dans notre vie quotidienne l'entretien, le suivi et le maintien des résultats. Voilà une démarche sociétale qui s'amorce depuis quelques années : le soin à domicile. L'adolescent acnéique, souvent replié sur lui-même rechigne à la consultation. L'utilisation régulière du Home Device (dans le rouge et/ou bleu) permet de

réduire papules et pustules. Pas seulement....ce geste rituel le renarcissise et réactive sa prise en charge personnelle. L'amélioration subtile de la texture, du teint du grain de peau et des fines ridules ébauchent la notion de « Care ». La rejuvenation devient un soin d'hygiène familier. Déclinée selon sa nécessité clinique (impact spécifique des rouge, jaune, proche infra-rouge), parfois même avant l'exposition solaire dans un but préventif.

Une autre vison de la rejuvenation : la repousse du cheveu ? L'ergonomie a son importance, déclinée en peigne ou en casque capillaire diffusant du rouge et/ou proche infra-rouge.

Elle stoppe la chute, maintient la qualité et densité du cheveu. Ainsi, comme un grand couturier, le travail du tissu cutané est la conclusion clinique d'une rejuvenation singulière, adaptée à chacun. Le suivi par l'utilisation de « home device » prend peu à peu place au sein de ce qu'on pourrait appeler : la cosmétologie instrumentale ».

Dans le domaine du soin capillaire, l'onde lumineuse LED rouge à 630 nanomètres agit dans le derme profond et stimule le bulbe. Elle permet d'agir et de stimuler la production de l'ATP (abréviation de : adénosine triphosphate), ce qui va permettre la régénération des cellules capillaires.

La lumière LED augmente et stimule la microcirculation sanguine du cuir chevelu. L'action de la LED permet de nourrir en oxygène et de régénérer le métabolisme cellulaire, augmente l'activité des follicules pour des repousses plus épaisses et plus vigoureuses. C'est le principe de la **régénération capillaire.** Le home device Line 5 permet ainsi, de façon indolore et sans effet secondaire :

- d'améliorer la densité et la qualité du cheveu
- de stabiliser la perte de cheveux
- de stimuler la pousse des cheveux
- de stimuler la production de sébum

L'utilisation de la lumière LED en cosmétique et son intégration dans de nombreux protocoles de soins médicaux est validée par un nombre croissant de médecins et de scientifiques. Du traitement des rides et vergetures en passant par la stimulation de la repousse du cheveu ou le traitement de l'acné, le champ d'applications de la lumière LED à des fins cosmétiques ou thérapeutiques va connaître un essor majeur dans les prochaines années. Ces nouvelles technologies, permises par la lumière LED, vont se démocratiser, pour le plus grand bénéfice de chacun.

Chapitre 5

La LED, moteur de la révolution agricole

L'éclairage horticole est l'un des nouveaux marchés le plus prometteur pour l'industrie de la LED. Si l'utilisation de lumière artificielle pour la culture de végétaux existe depuis longtemps, l'arrivée des LED blanches de grande puissance déclenche une véritable révolution dans le monde de l'horticulture et de l'agriculture.

1- Canada et cannabis : ce qu'on en a appris !

Sous l'impulsion de pays disposant de peu de lumière naturelle comme le Canada, ou grâce à la culture rentable de cannabis au Pays-Bas, des technologies comme le HPS (lampe à vapeur de sodium), le néon ou les éclairages à vapeurs de mercure, capables de produire les longueurs d'onde nécessaires aux processus de photosynthèse et de photomorphogenèse des végétaux sont développées depuis de nombreuses années. Bien que certaines caractéristiques limitantes de ces technologies, comme leur consommation d'énergie ou leur durée de vie, aient empêché leur déploiement à très grande échelle, les études menées sur le sujet ont permis d'identifier les trois facteurs de la lumière impactant le développement des végétaux : la quantité de lumière, sa qualité et la durée d'éclairement. Dans ces trois catégories, la LED présente des avantages décisifs.

2- Les avantages de la LED

Le premier facteur est la quantité de lumière exploitable. Les plantes ont une sensibilité à la lumière différente de celle des humains. Les lux et les lumens ne sont pas adaptés pour mesurer l'apport en lumière des végétaux. Nous utilisons le PPFD (Photosynthetic Photon Flux Density) qui mesure en umol/m^2/s la quantité de photons émis par la source lumineuse avec une longueur d'onde dans le PAR (Photosynthetically Active Radiation), la région du spectre électromagnétique utile à la photosynthèse comprise entre 400 et 700 nm. La LED permet de maximiser le ratio énergie dépensée/lumière utilisée car elle convertit un maximum d'énergie électrique en photons et non pas en chaleur comme les technologies HPS ou mercure. De plus, l'énergie lumineuse subit la loi carrée inverse qui décrit la perte d'énergie lumineuse avec l'augmentation de la distance. La faible chaleur dégagée par les LED permet de rapprocher les sources de lumière des plantes. En autorisant l'installation de LED au milieu des cultures sans risquer d'abimer les plantes, on optimise encore le ratio énergie dépensée/lumière utile en permettant à la plante de concentrer son énergie sur la production de fruits au lieu de développer les feuilles des étages inférieurs. Enfin, la faible chaleur dégagée signifie moins d'énergie dépensée pour contrôler la température et refroidir les zones de cultures.

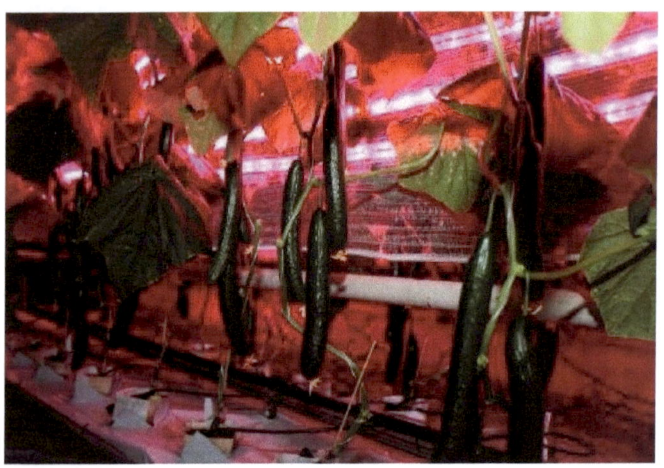

Source: Lucibel

Le deuxième facteur est la qualité de la lumière. La composition du spectre lumineux a un énorme impact sur le développement des végétaux. Différentes longueurs d'onde vont avoir différents effets sur les végétaux et les mêmes longueurs d'onde vont avoir des effets différents selon le cycle de vie de la plante. De manière générale, les longueurs d'onde bleues (autour de 450 nm) vont principalement impacter la morphologie et le nombre de feuilles de la plante. Les longueurs d'onde rouges (650 nm) et « rouge profond » (entre 710 et 850 nm) et le rapport entre les deux vont impacter la floraison et l'allongement de la plante. Un faible ratio de rouge/rouge profond sur une plante mature va accélérer sa floraison et son élongation alors qu'un fort ratio va accélérer la croissance des très jeunes pousses.

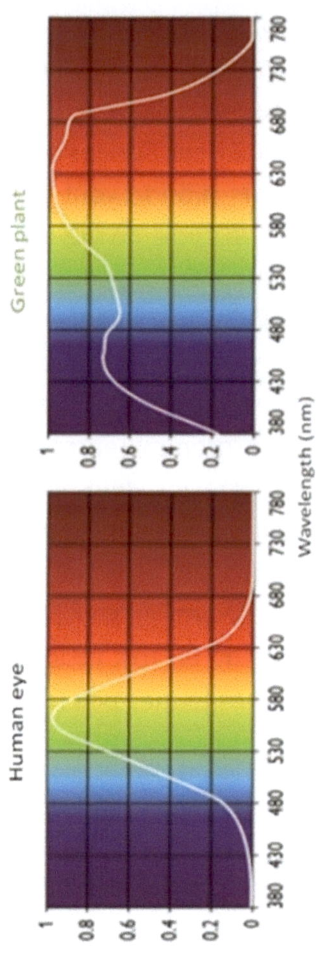

Human eye
Green plant
1
0.8
0.6
0.4
0.2
0
380
430
480
530
580
630
680
730
780
Wavelength (nm)

Les avancées technologiques sur la LED ont donné un nouvel élan aux recherches sur l'impact de la lumière sur les végétaux. Les premiers résultats montrent que certaines longueurs d'onde peuvent impacter le goût, la couleur ou les propriétés nutritives des végétaux. Ainsi, des expériences menées sur les carottes ont montré qu'en faisant varier le spectre lumineux tout au long de la vie de la plante, on pouvait obtenir des carottes contenant jusqu'à 20 fois plus de carotène et d'antioxydant que la même variété cultivée en agriculture traditionnelle. Contrairement aux technologies néons, HPS ou autres, qui produisent des spectres lumineux larges, la LED peut émettre une onde monochromatique étroite et permet donc un contrôle parfait du spectre lumineux maximisant la photosynthèse par photon émis. Dans les spectres larges, une grande partie de l'énergie consommée produit une lumière dont la longueur d'onde n'est pas exploitée par la plante. La LED permet donc de maximiser le rapport énergie dépensée/énergie utile tout en assurant un contrôle beaucoup plus fin de l'environnement et donc de la croissance, la forme et la santé des végétaux.

Enfin, le troisième facteur est la durée d'éclairement. Les cycles de croissance et de floraison naturels des végétaux sont impactés par l'alternance jour-nuit. La lumière artificielle permet d'optimiser ces cycles et maximiser le potentiel des végétaux. Par exemple, afin de maximiser la croissance, un cycle de 18h de lumière et 6h de nuit peut être appliqué. En phase de floraison, un cycle de 12h/12h permet d'obtenir les meilleurs rendements. Ici, la faible consommation des LED permet de réduire considérablement les coûts d'exploitation. Les économies vont de 30% à 70% selon les technologies. Une lampe HPS 1000W sera typiquement remplacée par une LED 400W. La durée de vie des LED, pouvant aller jusqu'à 100 000 heures sans maintenance contre 20 000 heures pour des lampes à sodium et 10 000 heures pour le néon, permet aux exploitations d'être économiquement viables.

La LED présente d'autres atouts qui la rendent incontournable. Elle ne nécessite pas de ballast et les risques d'incendie sont minimisés. Elle est également plus facilement recyclable et ne contient pas de métaux lourds, limitant ainsi les risques de contamination des végétaux. Ainsi, la technologie d'éclairage LED permet des performances bien supérieures aux autres technologies, mais également supérieures à l'éclairage naturel du soleil. En plus d'autoriser des cultures toute l'année indépendamment des conditions météorologiques, les rendements sont supérieurs aux rendements obtenus en lumière naturelle. Ainsi les pieds de tomates vont produire entre 100 kg/m² en éclairage LED contre 60 à 70 kg/m² en éclairage naturel. De la même manière, une graine de basilic va germer en 3 jours dans un germoir éclairé en LED avec une longueur d'onde rouge profond alors qu'il lui faut 3 semaines pour germer en pleine terre. Il faut ensuite compter 40 jours de la graine à la récolte contre 75 jours en agriculture traditionnelle.

3- Avenir et potentiel

D'après l'ONU et la FAO (Food Agriculture Organisation), la production agricole mondiale doit doubler d'ici 2050 pour nourrir les 10 milliards d'habitants, qui seront à 70% urbanisés. Les surfaces disponibles, de moins en moins nombreuses, doivent être préservées pour assurer l'équilibre écologique de la planète. En agriculture traditionnelle, les techniques chimiques utilisées pour augmenter les rendements peuvent avoir de nombreuses conséquences indésirables notamment sur l'environnement, la qualité des produits et la santé. Dans le même temps, les goûts des consommateurs évoluent et ils souhaitent se reconnecter à la nature, comprendre et contrôler leur alimentation et consommer des produits toujours plus frais et locaux. Le défi est de taille. Particulièrement pour certains pays comme le Japon ou Singapour qui disposent de très peu d'espace de culture (lorsqu'il n'est pas radioactif comme c'est le cas dans la région de Fukushima) et qui sont déjà obligés d'importer la majeure partie de leurs fruits et légumes. Si les nouvelles techniques d'agriculture comme les fermes verticales, l'agriculture urbaine, l'hydroponie et l'aquaponie, ne remplaceront pas l'agriculture traditionnelle, il y a fort à parier qu'elles prendront une place prépondérante dans notre alimentation. Elles présentent de nombreux atouts pour développer les circuits courts, réduire l'impact environnemental, les consommations d'eau et d'intrants chimiques, préserver la biodiversité, mieux rémunérer les producteurs etc.

En permettant un contrôle parfait de l'environnement, ces nouvelles méthodes permettent de se protéger des impacts du dérèglement climatique et des contaminations diverses que peuvent subir les exploitations de plein-champs. La LED est la technologie au cœur de ces exploitations innovantes. Les coûts d'acquisition des technologies LED, en baisse constante, ainsi que les faibles consommations et coûts de maintenance de la technologie LED ont d'ores et déjà permis à de nombreux projets de voir le jour et d'être viables économiquement.

Le rapport "LED Grow Light Market Shares, Strategies, and Forecast Worldwide" de *WinterGreen Research,* publié en 2014, faisait état d'un marché des LED horticoles de 395 millions de dollars en 2013 et estimait qu'il devrait dépasser les 4 milliards en 2020. Les leaders du marché de l'éclairage ont tous lancé leur gamme, à l'image de Phillips, GE ou Osram. De nombreux acteurs plus petits se sont spécialisés dans les LED horticoles. Un mouvement de fond qui révolutionne l'agriculture se fait sentir et la LED en est un des moteurs principaux.

CONCLUSION

Faire comprendre au public cette révolution technologique qui est en marche aura peut-être nécessité des développements technologiques parfois difficilement accessibles, mais la finalité, vous la constatez, c'est une amélioration voire parfois un changement complet des conditions dans lesquelles nous allons vivre demain !

Commerce de proximité, accès à internet, santé, beauté, agriculture... Nos vies commencent tout juste à changer !

La lumière, matière première du 21ème siècle, est loin d'avoir dit son dernier mot !

Table des matières

Lucibel est une PME française innovante qui conçoit, fabrique et commercialise des solutions issues de la technologie LED. La révolution LED va bien au-delà de l'éclairage et permet de nombreuses applications inédites. Lucibel est une société pionnière sur ces solutions : éclairage circadien, cosmétique, et surtout LiFi. Le LiFi permet d'accéder à internet par la lumière. En mettant sur le marché le premier luminaire LiFi industrialisé au monde en septembre 2016, le groupe est devenu pionnier dans le développement et la commercialisation de cette technologie co-développée avec son partenaire écossais PureLiFi.

La société Lucibel est cotée sur la bourse de Paris, sur le compartiment Euronext Growth (ex Alternext).